U0186880

SKYLINE
天 际 线

望远 知新

时 间

ABOUT
TIME TOO

杂 谈

英国格林尼治天文台　　　著

王燕平　张超　　　译

译林出版社

图书在版编目（CIP）数据

时间杂谈 / 英国格林尼治天文台著；王燕平，张超译.
—南京：译林出版社，2022.5
（"天际线"丛书）
书名原文：About Time Too
ISBN 978-7-5447-9077-2

Ⅰ.①时… Ⅱ.①英… ②王… ③张… Ⅲ.①时间 –
普及读物 Ⅳ.①P19-49

中国版本图书馆 CIP 数据核字（2022）第 033859 号

About Time Too: A Miscellany of Time by Royal Observatory Greenwich
First published in 2021 by the National Maritime Museum
© National Maritime Museum, London
The simplified Chinese translation rights arranged through Rightol Media
（本书中文简体版权经由锐拓传媒取得 Email:copyright@rightol.com）
Simplified Chinese translation copyright © 2022 Yilin Press, Ltd
All rights reserved.

著作权合同登记号　图字：10-2021-383 号

时间杂谈　**英国格林尼治天文台** / 著　**王燕平　张　超** / 译

责任编辑　杨雅婷
装帧设计　韦　枫
版式设计　黄　晨
校　　对　孙玉兰
责任印制　董　虎

原文出版　National Maritime Museum, 2021
出版发行　译林出版社
地　　址　南京市湖南路 1 号 A 楼
邮　　箱　yilin@yilin.com
网　　址　www.yilin.com
市场热线　025-86633278
排　　版　南京展望文化发展有限公司
印　　刷　中华商务联合印刷（广东）有限公司
开　　本　889 毫米 ×1194 毫米　1/32
印　　张　5.375
插　　页　4
版　　次　2022 年 5 月第 1 版
印　　次　2022 年 5 月第 1 次印刷
书　　号　ISBN 978-7-5447-9077-2
定　　价　55.00 元

序 言

"时间"是人类语言中使用率最高的词汇之一。它渗透于一切自然现象，伴随着人们的日常生活和社会活动。

黎明的壮观，晚霞的绚丽，枫叶由绿变红，大雁南来北往，草木枯荣，天体演化，无不受时间的约束。时间既看不见，也摸不着，却不停流驰。人在时间的长河中诞生，也在这条长河中衰老、消亡。人生中的一些重要阶段与经历，如童年、婚嫁、事业上的挫折和成功，无不以时间划分。岁月匆匆，时不我待。期望在有限的生命时间里做出更多有益于社会的业绩，创造出人生的最高价值，成为人们给予时间以莫大关注的一个重要原因。

人们关注时间，思考关于时间的问题，常常质疑：时间是什么？我们怎样感知时间，测量时间？历法是怎么编制的，为什么会有闰年、闰月，甚至闰秒？时间有起点和终结吗？时间能倒流吗？人们能够通过所谓的"时间隧道"回到过去吗？

时间的内涵丰富而充满奥妙。它涉及人文、哲学、自然科学等众多领域。对于以上这些疑问，任何一门单一学科的研究成果都难以做出全面的回答。

事实上，时至今日，尽管人们能够探测120多亿光年外的遥远天体，可以洞察物质内部微观粒子的运动规律，可以制造各式各样巧夺天工的器具去测量时间的流逝，可以用百万分之一秒、千万分之一秒的精度去测定时间的间隔，但是，关于时间的许多问题，还没有得到完美的解答，特别是对于时间本质的认识，即时间是什么，至今还没有哪一种理论能为社会大众所共同接受。

最近，英国格林尼治天文台出版了一本关于时间的书《时间杂谈》。书中列举了一百多个与时间有关的问题，给出了有趣的解释和说明，大道至简，通俗可读。

作为具有悠久历史的著名天文学研究机构，格林尼治天文台出版这样一本科学普及读物，实属难能可贵。我由此想到，在我国，作为国家标准时间——北京时间的建立和保持单位，中国科学院国家授时中心在完成国家高精度授时服务的同时，不惜花费重金建立了"时间科学馆"，通过珍贵实物、精美图表、音频影像等多种手段，向大众普及时间科学知识，同样值得称赞。我要感谢王燕平、张超两位译者慧眼识真珠，将这本英文读物译成中文，介绍给中国读者。译本概念准确，语意通达，相信它一定会为关心时间并希望更多地了解时间的广大读者所喜爱。

漆贯荣

中国科学院原陕西天文台台长

国家授时中心研究员

目录

时间是什么?
WHAT IS TIME?

时间,从各个方面影响着我们所有人。参观"时间之家"——格林尼治天文台的游客们,也会经常问一些关于时间的有趣问题。

《时间杂谈》这本书对这些问题做了解答,并用一系列惊人的事实与数字,呈现出时间对我们的日常生活所产生的影响。那么,何不花点时间坐下来了解更多呢?

地球的年龄
AGE OF THE EARTH

如果要将时间的流逝具象化，有一个方法是把历史事件想象为一把长尺上的刻度。例如，我们可以用古老的英制长度单位1码（约91.4厘米）来代表地球46亿年历史的长度。根据英国的民间传说，1码相当于国王亨利一世伸直手臂时从他的鼻尖到指尖的距离。如果国王用锉刀在他的中指指甲上锉一下，在掌心将指甲屑撮成一堆，这堆指甲屑的范围就代表了整个人类历史的长度。

超越时代
AHEAD OF ITS TIME

是什么把18世纪的钟表与烤面包机联系在了一起？是一项名为"双金属片"的神奇发明。钟

表匠约翰·哈里森[1]发明了这一革命性的装置，用来补偿他那著名的航海钟 H3 的温度变化。哈里森当时基本上没怎么管 H3。但在勤勉地工作了 19 年后，这座钟表仍像他当初预期的那样保持着时间的精准。哈里森真不知道自己的发明是多么有才，多么有用！这一发明的作用直到 20 世纪才显现出来，它作为温度控制器，被用在集中供暖系统、电水壶、电熨斗和烤面包机等设备上。

穿休闲套装的外星人
ALIENS IN SHELL SUITS

无线电信号与电视信号以光速传播，每秒钟

---

1 约翰·哈里森（1693—1776），英国木匠、钟表匠。他利用业余时间制造钟表，发明了精密的航海计时器，解决了在航行中测量经度的难题。——编注

走18.6万英里（约29.9万千米）。假如距离地球25光年的地方有一个地外文明，他们拥有接收这些信号的技术，那么他们就可以观看25年前地球上制作的电视广播节目了。想象一下这样的场景：外星人以为地球上如今的人类就像英国辣妹组合或《新鲜王子妙事多》里的人那样，头发像《老友记》里的瑞秋，或者穿着休闲套装！也许外星人现在正享受着20世纪90年代末的复古风！

时间的艺术
ART OF TIME

时间在世界各地有许多不同的表现方式。在东方，它被描绘成一条龙，一股创造宇宙的力量。古代阿兹特克人认为，时间是一条两端都长着头的蛇，两个头朝向相反的方向：一个头朝向过去，另一个头朝向未来。在西方，时间通常用众所周知的时间老人（见第28页）的形象来代表。"永恒"通常被表现为蛇头吞蛇尾的形象，

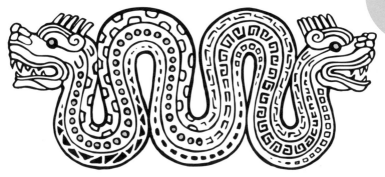

以此象征时间无限循环。

回到未来？
BACK TO THE FUTURE?

　　一些科学家认为，未来有很多种可能。如果这些未来真的都存在，那么，从一个未来去往另一个未来的方法之一，就是通过时间旅行回到过去，做出不同的选择，然后影响未来。这就是所谓的"蝴蝶效应"。电影《回到未来》《女孩梦三十》《哈利·波特与阿兹卡班的囚徒》等，都

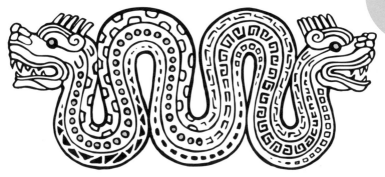

探讨了如果干涉过去会产生怎样的毁灭性结果或剧烈影响。一些虚构的故事也探讨过这样的理论：不同的未来彼此平行，你可以从一个平行宇宙跳到另一个平行宇宙中。在电视剧《神秘博士》中，博士和他的同伴们经常探索平行世界；不过未来有无数种潜在可能，准确找到你想要的未来恐怕还是一件棘手的事情！

大爆炸理论
BIG BANG THEORY

人们通常认为，宇宙是由 150 亿年前一个极其密、极其热的气体球极速膨胀形成的。这被称作"宇宙大爆炸"。到宇宙诞生 1 秒的时候，其温度已经冷却到了 100 亿开尔文，比我们太阳的核心还要热 1 000 倍。大爆炸之前，什么都不存在：没有能量，没有空间，没有时间。科学家们知道大爆炸之后发生的事，却无法说出大爆炸之前的 1 秒钟发生了什么，因为"之前"的概念根本不存在。

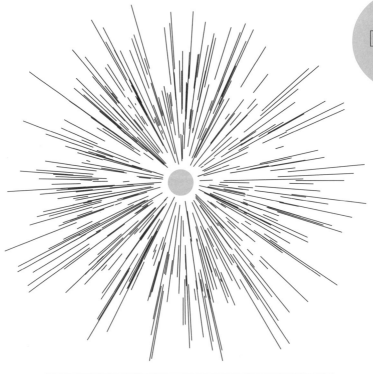

大爆炸以来，宇宙一直在膨胀和变化。当一颗恒星变成超新星时，它的核心发生坍缩，爆炸产生的冲击波将外部的壳层吹走，而这个壳层随后会成为新生恒星的诞生地。

大本钟
BIG BEN

　　世界上最著名的时钟，耸立于伦敦的议会大厦之上。大多数人都知道这座塔楼的名字叫作"大本钟"，但它实际上叫"伊丽莎白塔"，是因纪念女王登基60周年而得名的。"本"是塔内一座重13吨、用以报时的钟的名字。它可能是以1856年委托建造它的人——本杰明·霍尔爵士[1]的名字命名的。实际上，历史上曾有两座大本钟。1858年，第一座大本钟破裂了，于

---

1 本杰明·霍尔（1802—1867），英国政治家、工程师。——编注

是被熔化并重新铸造。现在这座大本钟在安装后不久也曾破裂，但还能运行。大本钟的钟声是全世界的标志性钟声，不过人们已经有一段时间没有听到它的声音了。2017年以来，这座大钟一直在进行大修，但在新年前夜和阵亡将士纪念日等重大活动中，它会启用临时机制为大家报时。政治家鲍里斯·约翰逊曾提议筹集资金，"5万英镑一响"，让大本钟在2020年1月31日敲响，以纪念英国正式"脱欧"。尽管有几个众筹网站试图为这著名的钟声筹集一些资金，但终究没有足够的时间来促成这件事。

"千年虫"事件
BITTEN BY THE (MILLENNIUM) BUG

人类将记住2000年，因为全世界在这一年提早了12个月庆祝新千年的到来。大众舆论倾向于以2 000这一优雅的数字庆祝第三个千禧年的到来，但实际上，它意味着第二个千禧年的结束。这一年还引发了一种恐慌，有些人相信"千年虫"会引发世界末日。他们认为，当时钟嘀嘀嗒嗒走到2000年1月1日0点时，计算机程序或任何带有芯片的东西都会崩溃。当年预期的"千年虫"问题，迫使全球范围内价值3 000亿美元的电脑升级，但事实证明那不过是虚惊一场。

眨眼之间
THE BLINK OF AN EYE

成年人平均每分钟眨眼15至20次，每天眨眼多达28 800次。当你的眼睛盯着某个物体时，比如读书时，眨眼频率可以低至每分钟三四次。每次眨眼大约用时四分之一秒，所以我们在每天清醒的时间中，大约有一小时是半闭着眼或完全闭着眼的。

《时代》简史

A BRIEF HISTORY OF TIME

美国《时代》周刊文如其名，其宗旨便是做一份供人快速阅读的读物。创始人布里顿·哈登和亨利·卢斯希望创作出的内容可以让任何人在一小时内读完。《时代》周刊以其"年度人物"专题而闻名，该专题根据人物对年度事件的影响来评选他们，不管这种影响"是好是坏"！不拘一格的"获奖者"名单上有格蕾塔·通贝里、贝拉克·奥巴马、阿道夫·希特勒和计算机。富兰克林·D.罗斯福的上榜次数最多，上榜年份分别为 1932 年、1934 年和 1941 年。

新的一天

BRIGHT NEW DAY

对我们来说，每个新的一天都开始于午夜，但事实并非总是如此。天文学家经常从正午 12

点开始新的一天，这样他们在夜间忙着观测星星的时候就不需要改变日期了。在埃塞俄比亚，人们从黎明时分开始新的一天。古希伯来人从日落开始新的一天，这一习俗在如今的犹太节日中还能见到。

有生物钟的微生物

BUGS WITH BODY CLOCKS

有些微生物拥有与人类体内相似的生物钟。蓝细菌是已知最原始的生物，它们每天都会循环进行光合作用，通过这个过程将阳光转化为

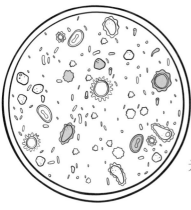

能量，帮助自己生长。白天，它们即使在照不到阳光的黑暗之处，也会像平时那样自动"开启"光合作用。

众多历法
CALENDARS GALORE

历法标记了日、月、年的流逝，帮助我们对时间进行长期记录。这些时间单位，主要以自然的天文周期为基础。一天是地球自转一周的时间，一个月是以月球绕地球一圈的时间为基础的，一年是以地球绕太阳一圈的时间为基础的。历法制定者们面临的问题是，这些自然周期中没有一个与另一个完全吻合。这个问题没有简单的解决办法，于是，在整个人类历史与不同的文化中，曾出现过许许多多不同的历法。

中国历法

CHINESE CALENDAR

　　中国年以 12 种动物命名，这些动物依次是鼠、牛、虎、兔、龙、蛇、马、羊、猴、鸡、狗和猪。中国的新年是在冬至（见第 131 页）之后的第二个新月，对应的公历日期可能是 1 月 21 日至 2 月 19 日之间的任意一天。你可以查看下一页中的图表，找到你出生那年对应的中国年。

有些人天生属猪！

鼠年	1948	1960	1972	1984	1996	2008	2020
牛年	1949	1961	1973	1985	1997	2009	2021
虎年	1950	1962	1974	1986	1998	2010	2022
兔年	1951	1963	1975	1987	1999	2011	2023
龙年	1952	1964	1976	1988	2000	2012	2024
蛇年	1953	1965	1977	1989	2001	2013	2025
马年	1954	1966	1978	1990	2002	2014	2026
羊年	1955	1967	1979	1991	2003	2015	2027
猴年	1956	1968	1980	1992	2004	2016	2028
鸡年	1957	1969	1981	1993	2005	2017	2029
狗年	1958	1970	1982	1994	2006	2018	2030
猪年	1959	1971	1983	1995	2007	2019	2031

打卡上班

CLOCKING IN

很多人以为，"打卡上班"和"打卡下班"的做法是在19世纪工业革命时推行的。但实际上，这个方法早在古埃及人建造金字塔时就已经在使用了。现存的埃及记录列出了当时人们工作的时间。现代打卡系统可以记录人们工作的精确时间，以便计算薪资。系统还可以用来抓住那些迟到或早退的人，并记录有些人因病缺少的工时。据一项研究估计，普通感冒导致了1.89亿个工作日的误工，给美国经济造成的损失超过400亿美元。

时钟

CLOCKS

时钟的英文单词"clock"来自法语词汇"cloche"，意思是"钟"或"锣"。这个现代词汇，源于最早的时钟就是简单地以敲钟来表示时间流逝这一事实。修道院里使用这些钟，让僧侣们在一天中能够严格按照规定时间进行祷告。

蒲公英时钟

DANDELION CLOCKS

蒲公英的绒球里包含着它们的种子，以前经常被孩子们用来玩猜时间的游戏。通过计算把所有种子从秆上吹下来需要吹多少次，孩子们学习记诵一天中的时刻。这个游戏还有助于维持蒲公英的生命周期，帮它们把种子散布到各处，使种子在来年获得更多的发芽机会。

世界日期

DATES FOR THE WORLD

全世界都在使用格列高利历（即现行公历），尽管它本质上是一种古罗马历法的基督教版本。许多非基督徒使用格列高利历，不过他们也有反映自己的宗教信仰和传统节日的历法。格列高利历使用公元（AD）来纪年；犹太人使用创世纪元来纪年，其意思是"世界的一年"。这一体系基于这样一个信仰：世界创立的那一天，是基督徒所说的公元前3761年10月7日。穆斯林使用希吉拉纪元来纪年，年数的计算始于先知穆罕默德从麦加到麦地那的日子——公元622年7月16日。也有人曾试图采用缩写"BCE"（before the common era，意为"公元前"）与"CE"（the common era，意为"公元"）取代基督教术语"BC"（公元前）和"AD"。

日子变长
THE DAYS GROW LONGER

在过去的 2 700 年里，一天的长度以每世纪 0.001 5 秒的增速在逐渐变长。这是由于月球对地球海洋的潮汐引力导致地球自转的速度逐渐变慢。冰川融化、地震、强风、洋流与地核破裂，也都会对地球自转产生短期影响。

十进制时间
DECIMAL TIME

我们都知道，一天有 24 小时，一小时有 60 分钟，一分钟有 60 秒。这种计时系统被称为"十二进制"系统，意思是以 12 为单位。1789 年法国大革命之后，法国人决定采用"十进制"（以 10 为单位）的计时系统，将一天分成 10 个小时，每小时有 100 分钟，每分钟有 100 秒。这一时期生产了许多奇特的钟表，它们通常包含两个表盘，一个显示旧制时间，一个显示新制时间。由于新的计时系统很快就被淘汰，这样的钟表如今已经非常罕见了。十进制时间之所以不受欢迎，是因为它让与使用十二进制时间的国家之间的贸易变得非常困难。

一副星期

A DECK OF WEEKS

一副传统扑克牌由 52 张纸牌组成，它在 15 世纪传入欧洲时是历法的象征。52 张牌代表一年有 52 个星期；四种花色（梅花、黑桃、方块和红心）代表四个季节；每种花色

有 13 张牌，代表一个季节中有 13 个星期；红牌和黑牌分别代表白天和黑夜。

时间的方向
DIRECTION OF TIME

在许多国家和文化中，时间与方向密切相关。例如，知道时间与方向对穆斯林来说非常重要。知道正确的礼拜时间很重要，知道麦加在哪个方向也很重要。美洲的许多原住民，包括古印加人和霍皮人，都借助地平线来辨别时间。一年当中，太阳与星星在地平线上升起和落下的位置都略有不同；因此，在遥远的地平线上建立一组标记物是相对容易的，这些标记物可以用来确定日期。

服刑
DOING TIME

英语中"doing time"这个短语来自澳大利

亚，意思是"在监狱里服刑"。新南威尔士州的监狱实行严格的时间制度，这个制度甚至体现在他们的建筑设计中。一间间牢房按编号排列，分布在监狱院子的四周，就像巨大的时钟上的分钟刻度。

末日时钟

THE DOOMSDAY CLOCK

有一座令人不安的虚拟时钟，正在为世界末日倒计时。在《原子科学家公报》设置的末日时钟上，午夜代表世界末日。人们定期对它进行调整，以表现人类和地球面临的威胁，其中最紧迫的威胁之一是气候变化。不幸的是，2020 年 1 月，分针被设置在午夜前 100 秒处，这是末日时钟的时间首次以"秒"计量，而不再以"分"计量。

复活节彩蛋
EASTER EGGS

蛋是多产与重生的象征，所以人们很自然地将它与纪念耶稣基督受难后复活的基督教节日——复活节联系在一起。复活节的英文名"Easter"来自非基督教的盎格鲁-撒克逊黎明女神约斯特里（Eostre）。黎明象征着一天的重生，而复活节则标志着春天的回归。事实上，人们有可能在一年中庆祝两次复活节。东正教会使用老式儒略历来计算日期，而西方教会则使用现代格列高利历。因此，这两个教会很少会在同一天庆祝复活节。

日食
ECLIPSED BY THE MOON

如果你在地球表面上的某地站的时间足够长，你最终一定会看到一次日全食。当月球从太

阳前面经过，在地球上投下影子时，我们就会看到日食。日全食期间，白天仿佛在几秒钟或几分钟的时间里变成了黑夜。地球上平均每 18 个月能看到一次日全食。然而，日食轨迹覆盖整个地球则需要 45 个世纪。

时间的终结
THE END OF TIME

科学家们认为，时间开始于宇宙大爆炸，大爆炸导致宇宙诞生并向外膨胀。然而，关于宇宙将如何终结，科学家们并未达成一致见解。有些人认为，宇宙最终会停止膨胀并开始收缩，最终导致所谓的"大收缩"。也有些人认为不会这样，相反，宇宙会永远膨胀下去。目前尚未得到解答的真正问题是：如果宇宙开始收缩，那么时间会倒流吗？

速食
FAST FOOD

克拉伦斯·伯宰[1]在北极附近从事博物学家的工作时，有一个惊人的发现。他注意到，一条刚捕捞上来的活鱼被放在北极的冰面上，几乎立刻就冻硬了，而当它很久之后被解冻开来，却依然很新鲜。冷冻过程可以让食物"在时光中停驻"，防止它变质。1922年，克拉伦斯创办了自己的公司——伯宰海鲜公司，这家公司至今仍以冷冻豌豆和鱼条而闻名。

时间老人
FATHER TIME

时间老人这一形象，是用人类熟悉的方式来

---

1 克拉伦斯·伯宰（1886—1956），美国发明家、实业家、博物学家，被认为是现代冷冻食品工业的创始人。——编注

描述"时间"的概念。他经常被表现为一个老头的样子，带着与时间流逝有关的符号，例如即将漏完的、只剩几粒沙子的沙漏，一支熄灭的蜡烛，一个骷髅头，一把死神镰刀。他传递的信息很明确："时间"创造一切并毁灭一切，没有任何东西可以从中逃脱。

火闹钟

FIRE ALARMS

　　蜡烛和熏香燃烧的速度是均匀的，它们可以被用来计量时间间隔。早期的闹钟是将系有重物的细线拴在一根长长的熏香上。熏香燃烧，会烧断细线，重物随即落进下方的托盘，发出响亮的撞击声，人们以此来标记时间。在古代中国，长途跋涉的使者会把一根香当作一个有点危险的闹钟。他们需要时刻准备好传递紧急消息，因此通常只能用一点时间来快速打个盹儿。为了确保不会睡得太沉，他们会在睡前点燃一根短香，把它放在脚趾之间。当燃烧的顶端挨到皮肤，使者就会惊醒！

流动的时间
FLOW OF TIME

沙漏是根据微粒的流动来计量时间间隔的工具。其英文名（hourglass 或 sandglass）有点误导人，因为这种玻璃容器并非只用于计量小时，而是可以计量从几秒到几小时的任意时间长度；它也不是只能装沙子，而是可以装任意颗粒状的物质，沙子、磨碎的蛋壳，甚至磨碎的人骨都可以！

花的力量
FLOWER POWER

你能自己种出钟表吗？园丁们早就知道有些花会在一天中的特定时间开放或闭合。"花钟"

的想法最早是由 18 世纪瑞典植物学家卡尔·林奈（1707—1778）提出的。它们可能没有原子钟那么精确，但肯定比原子钟漂亮得多！

飞行时间
FLYING TIME

北欧的鸟类与蝴蝶，为躲避恶劣天气、寻找新的食物供给，会向南方迁徙。它们通过感知夏季与冬季的温度变化及日照时间的不同来确定日期。全球变暖使春天来得更早了，如今树上的花朵比 20 世纪 50 年代更早绽放。气温每升高 1 度，燕子抵达我们海岸的时间就会提前 3 天。

怪诞星期五
FREAKY FRIDAY

星期五长期以来被迷信的人认为是不吉利的日子，这可能是因为以前的人们常常在这一天执

行死刑。这一天通常被称为"刽子手日"，那些看起来面带悲伤的人会被形容为"Friday-faced"（意为"脸色不佳"）。数字 13 长久以来被人们与坏运气联系在一起。对数字 13 的非理性恐惧甚至还有一个专门的名字——恐数字 13 症。有些人认为，如果某个月的 13 号正好是星期五，那一天就不吉利。任何一个月，如果月首是星期天，那么 13 号就是星期五。每年当中，13 号是星期五的月份至少有 1 个，至多不超过 3 个。这个谜题很容易破解！当一年当中有 3 个月份的 13 号是星期五，有人就认为那预示着一场大灾难即将来临。

时间冻结

FROZEN IN TIME

灾难性事件的时间有时会被永久冻结，成为对未来的可怕提醒。1845 年，约翰·富兰克林爵士[1] 踏上了注定失败的北美北极探险之旅。多年后，人们在永久冻土中发现了陪同人员完好的尸体。在日本广岛的一家博物馆里，有几只手表的指针永远停在了上午 8 点 15 分，那是 1945 年 8 月 6 日第一颗原子弹在广岛上空爆炸的时刻。在"泰坦尼克号"的一名遇难者尸体上，人们发现了一只怀表。27 岁的苏格兰人罗伯特·道格拉斯·诺曼是船上的一名乘客，1912 年 4 月 15 日"泰坦尼克号"沉没，他怀表上的时间在船沉没后被冻结，指针在怀表落入冰冷的海水后变得锈迹斑斑，无法运转。

---

1 约翰·富兰克林（1786—1847），英国皇家海军军官、北极探险家。1845 年他率远征队出海寻找西北航道，后来船只被冰所困，无人生还。——编注

祝你健康

GESUNDHEIT

这是德语里对刚打喷嚏的
人的祝愿。许多科学家试图计算
出打喷嚏的速度。长时间以来，人们估计这个
速度大约是每小时 100 英里（约 160.9 千米）！
有些研究表明，这个速度实际上接近每小时 200
英里（约 321.8 千米），但 2013 年的一项研究发
现，这个速度的最大值仅为每小时 10 英里（约
16.09 千米）。数值可能会因为人的体型不一而有
所不同，但不管怎样，你可能都需要一盒纸巾！

时间之神

GODS OF TIME

古埃及人信奉天空女神努特，她每天早上生
出太阳，晚上将太阳吞下，创造了昼夜的无限循
环。中国文化中，有一位长寿之神叫寿老，他有
一个大光头，常见的形象是手拿寿桃等一些象

征永恒的物品，并伴有仙鹤等长寿的动物。阿兹特克人认为，用活人献祭可以安抚太阳神托纳蒂乌，从而确保太阳神每天爬起来、穿过天空，保证时间正常运转。在求雨的月份，他们就用儿童献祭。孩子们哭得越厉害，就预示着雨水越多。

格林尼治意味着时间
GREENWICH MEANS TIME

格林尼治标准时（GMT）是将太阳时（由观测者在格林尼治测量所得）转换成了时钟时间。相邻的两天正午的时间间隔并不精确等于24小时，而是会随季节发生变化。天文学家设立了一个统一的"平均"时间，便于时钟一年四季使用。多年来，英国皇家天文台（即格林尼治天文台）负责向全国发布格林尼治标准时。直到1884年，人们才一致同意，用经过格林尼治主望远镜的子午线代表本初子午线，即0度经线，格林尼治标准时由此成为国际标准时间。

格林尼治：时间之家
GREENWICH:
THE "HOME OF TIME"

　　位于英国格林尼治的皇家天文台是国王查理二世于 1675 年建立的，建立之初，该天文台就与精确计时联系在一起。它的建立是为了改善海上航行，被任命为第一任皇家天文学家的是约翰·弗拉姆斯蒂德[1]。他的任务是"修正星表中天体的运动与恒星位置，从而确定人们迫切需要的地理经度数据，完善航海技术"。皇家天文学家们多年来一直致力于恒星星表的研究，从而改善导航，后来天文台在 18 世纪发展为一个测试中心，测试新发明的航海计时器。随着 1833 年标志性的格林尼治时间球被安装在这里，

1　约翰·弗拉姆斯蒂德（1646—1719），英国天文学家，格林尼治天文台的创始人。——编注

以及 1884 年格林尼治子午线被确立为世界本初子午线，皇家天文台无疑成了"时间之家"。大海、星辰与时间是密不可分的，皇家天文台至今仍体现着这一点。

格林尼治时间女士

GREENWICH TIME LADY

1892年，"格林尼治时间女士"露丝·贝尔维尔接管了她父亲的业务——为用户提供格林尼治标准时。每个星期一，露丝都会乘坐公共交通工具去格林尼治，与门房一起喝杯茶，领取一份证书，以证明她那值得信赖的天文钟准确无误，然后花一整天前往伦敦的多家钟表店，将正确的时间告知40位客户，然后他们就可以校准自己的钟表了。在第一次世界大战期间，即使是标准时公司与无线通信的突飞猛进产生竞争时，露丝也一直以这种方式坚持工作。

1940 年，85 岁的她选择退休，完成了 48 年的巡视！

格列高利历

GREGORIAN CALENDAR

到 16 世纪，儒略历已经无法与季节的自然循环同步了。问题在于儒略年的时间长了 11 分 14 秒。这听起来并不多，但相当于每隔 128 年会多出整整一天。日历需要调整，1582 年，教皇格列高利十三世宣布，从现行历法中去掉 10 天，使之与星星的位置保持一致。这种新历法以教皇的名字命名，被称为格列高利历，并很快被法国、意大利和西班牙等天主教国家采用。1752 年，这一历法被引入英国时，已经又多了一天。这意味着需要将当时的日历去掉 11 天，9 月 2 日之后是 9 月 14 日。教皇还推行了计算闰年的新规则。如今，我们仍在使用格列高利历。当然，它并不完全正确，但只需稍加调整，在接下来的 3 000 年里就足够用了。

逝日快乐！

HAPPY DEATH DAY!

恐怕有很多人都不想知道自己还能在这个世界上活多久。但这并不会阻止病态的死亡时钟网站的出现。在回答一些简单的问题（例如你的年龄、体重指数和吸烟状况）之后，算法会算出你的死亡日期！当然，这只是为了好玩，别太当真。让你听了会很高兴的是，目前全球平均预期寿命已大于70岁，英国、美国和加拿大等国家的平均预期寿命已接近80岁。

H

约克郡的时间领主哈里森 [1]

HARRISON, THE TIME LORD FROM YORKSHIRE

1759 年，钟表匠约翰·哈里森发明了有史以来最重要的钟表。这座航海钟解决了 18 世纪最大的科学难题"经度问题"。哈里森第一个开发出了能应对航船运动及温度、湿度变化，并依然保持精准时间的钟表。后来，全世界的船只都用它保持准确的格林尼治标准时，并用它在一眼望去毫无特征的海面上确定自己的位置。詹姆斯·库克船长在去南太平洋的航行中带着这座航海钟的复刻版，由于它非常可靠，他称它为"我可信的朋友"。约翰·哈里森发明的那些具有独创性的钟表，如今陈列在格林尼治天文台里。

---

1 时间领主是电视剧《神秘博士》中的外星种族，拥有在时间中旅行的能力。——编注

41

夜间之热

HEAT OF THE NIGHT

死于清晨的人比死于白天任何时间的人都要多。清晨是人体温度最低的时刻，对衰弱的身体系统来说也是最危险的时刻。快到我们通常醒来的时间时，体温会开始上升。下午晚些时候和傍晚，体温最高。奥运纪录最有可能在白天的晚些时候被打破，这时候运动员的肌肉得到了充分预热。

隐藏的网

HIDDEN WEB

蜘蛛在计时的历史上也占有一席之地。本初子午线穿过格林尼治皇家天文台的主望远镜——艾里子午仪的中心。这台望远镜在 1848 年建成时被认为是现代科技的前沿设备。天文学家每天都用这台望远镜来测量太阳和星星穿过子

午线时的位置，以此来确定准确的时间。可用来制作望远镜目镜十字叉丝的唯一材料是蜘蛛网，它足够坚韧、精细，并且有黏性。天文学家们不得不依靠皇家天文台园丁的技术，园丁照顾蜘蛛，确保了高科技设备能够正常工作。

如果注定要下雨[1]

IF THE RAIN'S GOT TO FALL

人们常常抱怨，周末似乎总爱下雨；而如今科学家们认为，这种抱怨不无道理。人们每周的工作日程似乎会对天气产生影响。整整一周，工

[1] 此标题源自英国艺人汤米·斯蒂尔（1936— ）演唱的同名歌曲。——编注

厂和汽车排出的烟尘
颗粒在大气中聚集，
污染与臭氧含量稳步上
升。这些颗粒会导致近海地
区形成云。到了周五晚上工作
结束，污染水平下降，云层向内陆
移动，给我们带来一个多雨的周末！

不死的动物

IMMORTAL ANIMALS

据科学家说，由于某些动物拥有一些巧妙的
生物学特征，我们没法计算它们的年龄。有些种
类的水母不会死，而是会逆转它们的生命周期，
使自己"在生物学上永生"。扁形动物也几乎是
不死的，因为它们可以让细胞再生，使自己看起
来永远年轻。但有的时候，动物的年龄可能由于
更实际的原因而难以核实。阿尔达布拉象龟的潜
在寿命超过 200 岁，它们有一个令人恼火的倾

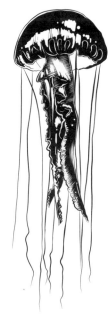

向，那就是它们很可能比观察它们的人类活得更长！

马上
IN A JIFFY

英语中经常用"jiffy"（意为"马上"）这个词来表示某事会很快完成。这个非正式用语出现于 18 世纪后期。已知最早的用法出现在 1780 年发行的《城市与乡村》杂志上。但它不仅仅是一个俚语，实际上，它是一个特定的时间长度。科学家吉尔伯特·牛顿·刘易斯[1] 将 jiffy 定义为"光在真空中走 1 厘米所需的时间"——约等于 33.4 皮秒。对你我来说，1 皮秒就是万亿分之一秒；因此，按照吉尔伯特的定义，从来没有人能真的"马上回来"！

---

1 吉尔伯特·牛顿·刘易斯（1875—1946），美国物理化学家，化学热力学的创始人之一。——编注

长途跋涉

IN THE LONG RUN

马拉松比赛的历史可以追溯到古希腊时期。传说公元前490年，希腊信使费迪庇得斯从马拉松战役中返回雅典，报告波斯人战败的消息，如今长达26.2英里（约42.2千米）的长跑比赛因此得名。现代马拉松已经变得越来越快，如今专业的男性运动员和女性运动员都可以在接近2个小时的时间里完成比赛！2019年，埃利乌德·基普乔格在维也纳跑出了小于2小时的成绩。但他1小时59分40秒的成绩并没有被正式承认为世界纪录，因为该赛事不是公开比赛，而且他使用了一队轮流上阵的领跑员。不过，这证实了纪录是有可能被打破的，运动员们不断地让他们的身体机能在运动中达到更高水平。对于那些追求终极挑战的人来

说，现在已经有了超级马拉松比赛。你可以在世界各地跑 30 英里（约 48.3 千米）到 1 000 英里（约 1 609.3 千米）不等的比赛，1 000 英里需要 10 多天的时间才能完赛！

环球观光者

在各个大洲都完成一场马拉松的最快时间是 6 天 18 小时 2 分 11 秒。这一纪录是澳大利亚的道格拉斯·威尔逊在 2015 年 1 月 17 日至 24 日创造的，是 2015 年世界马拉松挑战赛[1]的一部分。女性运动员创造的最好成绩纪录是 6 天 18 小时 38 分钟，完成者是来自美国的贝卡·皮兹。

---

[1] 世界马拉松挑战赛的挑战者要在连续 7 天之内完成南极洲、南美洲、北美洲、欧洲、非洲、亚洲和大洋洲的 7 场马拉松。——编注

国际日期变更线

INTERNATIONAL DATE LINE

想象一下在北极上空飞行的情景：地球看起来就像一个巨大的球，它可以被分成360度。本初子午线所在的位置记为0度，这里是时间和地理经度的测量起点。在圆上与0度相对的另一边，也就是180度处，是国际日期变更线。日期变更线两边的日期不同。当日期变更线以西是星期一时，日期变更线以东还是星期天。从西向东跨越国际日期变更线，就有可能庆祝两次新年或生日。如果庆祝活动开始于日期变更线以西的国家（如澳大利亚、新西兰或日本），你就可以在午夜之后搭乘飞机向东飞，越过日期变更线，到达萨摩亚、夏威夷或美国本土。当你越过日期变更线，日期还是前一天，你正好赶上再次庆祝！

时差综合征

JET LAG

如今我们可以乘坐喷气式飞机旅行，这意味

着我们可以在长途旅行时"欺骗"时间。80 天
环游地球曾是一项了不起的成就。以那样的速
度，人体生物钟可以轻松地适应时间的重置，每
天的时差大约是 20 分钟。如今，航空旅行可以
把人送到与自己的生物钟相差 12 小时的地方。
人体生物钟就是为昼夜节律而设的。当这些节奏
被打乱，生物钟也就乱了。这就是我们所说的
"时差综合征"，其症状包括疲倦、注意力不集
中，症状会持续至生物钟适应新的时间。那些习
惯了固定生活节奏的人往往是症状最严重的。3

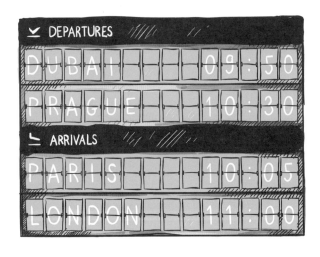

岁以下的孩子通常不会有反应，因为他们的适应能力更强。

犹太历和逾越节
JEWISH CALENDAR AND PASSOVER

犹太历的年份开端，是犹太人所信奉的上帝创造世界的那一年。它是根据《圣经》的数据计算出来的，与格列高利历中的公元前3761年重合。犹太人的逾越节，纪念的是说服法老让犹太人离开埃及的那一夜发生的事件。它开始于尼散月[1]15日的黄昏。

只是一分钟[2]
JUST A MINUTE

英语中的"minute"（分钟）和"second"

1 尼散月为犹太历1月，在公历3月至4月间。——编注
2 本小节与下一小节的英文标题意为"稍等一下"。——译注

（秒）来自拉丁语。"分钟"之所以被称为"minute"（意为"微小的"），是因为它是一小时的一小部分。"秒"之所以被称为"second"（意为"第二"），是因为它排在分钟之后，是对时间进行的第二次分割，是一分钟的一小部分。

只是一秒钟
JUST A SECOND

秒是时间的基本单位。实际上，一秒是一分钟的1/60，一小时的1/3 600，一天的1/86 400。如果你认为测量时间很简单，那就试试对一秒钟的科学定义吧。1967年，秒被定义为"铯133原子基态的两个超精细能级之间跃迁所对应辐射的电磁波周期的9 192 631 770倍"。

番茄酱时间
KETCHUP TIME

把瓶子倒置后，亨氏番茄酱的官方流速是每

小时 0.028 英里（约 0.045 千米）。这可能看起来很慢，但如果快一点，这瓶番茄酱就会被工厂判定为次品！这没能阻止安德烈·奥尔特夫于 2017 年在德国创造出"最快喝光一瓶番茄酱"的奇怪纪录。他在 17.53 秒的时间里喝下了一整瓶番茄酱（396 克）。

消磨时间
KILLING TIME

根据吉尼斯世界纪录，日本的袴田岩是世界上服刑时间最长的死囚。有迹象表明，警方调查人员可能伪造了证据，从而使他被定罪。他在

2014 年 3 月被释放，在那之前，他在日本的死囚牢房里待了 45 年，大部分时间被单独监禁。

闰年宝宝
LEAP YEAR BABIES

闰年宝宝很特别。闰年有 366 天，而不是通常的 365 天。这额外的一天会被加到 2 月底，因此闰年的 2 月有 29 天，而不是 28 天。这意味着任何出生于 2 月 29 日的人通常都要等 4 年才能过一次生日！但在临近 1700 年、1800 年和 1900 年时出生于 2 月 29 日的人则要等 8 年才能过一次生日——请看下面的解释！

闰年规则
LEAP YEAR RULES

历法偶尔需要进行修正，以与星象的运行保

持一致。地球绕太阳公转一圈大约需要365天，多出的四分之一天先攒着，每4年攒出1天。这样的年份就被称为"闰年"。闰年有366天，而不是通常的365天。要计算哪年是闰年，要看年份数值能否被4整除。例如，1848年、1996年和2020年都是闰年。即便如此，这一规则还是会让400年的时间里多出3天，因此教皇格列高利十三世为规则创造了一个例外。整百的年份（以"00"结尾的年份）必须能被400整除才是闰年，例如2000年、4000年。在这个规则下，1800年和1900年都不是闰年。它们虽然能被4整除，但不能被400整除。

闰秒

LEAPING SECONDS

就像年有闰年一样，秒也有闰秒。随着高精度原子钟被投入使用，人们认识到，地球和太阳远非完美的计时器。此外，人们还发现，

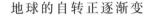

地球的自转正逐渐变慢。为了使原子时与格林尼治标准时（由太阳测量所得）同步，有时人们会在一年中额外增加1秒，它被称为"闰秒"。

第一个闰秒是在1972年增加的。闰秒的秒数每年都在变，但只能被加到格林尼治标准时12月31日或6月30日的午夜。那时，英国广播公司电台的六响报时信号会变成七响。由于闰秒总是被加到格林尼治标准时的午夜时分，因此，巴黎的闰秒被加到了次日凌晨1点，纽约的闰秒被加到了前一晚的7点。

光年之外
LIGHT YEARS AWAY

一光年指的是你以光速行进一整年所走过的距离，光速约为每秒 18.6 万英里或 30 万千米。光每年在空间中传播 5.88 万亿英里（约 9.46 万亿千米）。明亮的天狼星位于距离地球 9 光年的地方。我们银河系的邻居——仙女星系距离我们 250 万光年远，令人难以置信的是，它离我们这么远，我们仍然能在夜空中用肉眼看到它！著名物理学家阿尔伯特·爱因斯坦（1879—1955）发现，如果你以接近光速的速度旅行，你所经历的时间将比那些留在地球上的人经历的时间慢。这意味着，理论上，你可以让你的父母以接近光速的速度飞出去 40 个地球年，他们回来的时候会比你还年轻！

时间之线
LINES OF TIME

大自然为我们提供了许多线索，帮助我们辨

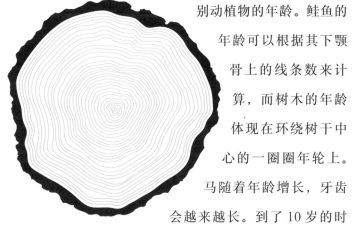

别动植物的年龄。鲑鱼的年龄可以根据其下颚骨上的线条数来计算，而树木的年龄体现在环绕树干中心的一圈圈年轮上。马随着年龄增长，牙齿会越来越长。到了 10 岁的时候，马的牙齿上会形成一道齿沟，名为加尔瓦恩齿沟；随着马继续长大，这道齿沟也会变长。因此英语中就有了"long in the tooth"（意为"老态龙钟"）这个短语，它被用来形容非常老的人或动物。

长周期彗星
LONG-PERIOD COMETS

要想看到同一颗彗星出现两次，需要等多久？这取决于彗星本身！以第二任皇家天文学家埃德蒙·哈雷[1]的名字命名的著名彗星——哈雷彗星，每 75 年才能用肉眼看到一次，这意味着你一生中可能见到它一次或两次。哈雷彗星下次回归是在 2061 年，但看上去可能会比 1910 年那次暗淡得多。天文学家卡米耶·弗拉马里翁[2]称，彗星的彗尾有毒，将会"浸透大气层，并可能扼杀地球上的所有生命"。这一说法引起了人们的普遍恐慌，大家纷纷购买防毒面具和抗彗药丸，但事实上，彗尾中的气体非常弥散，穿过地球大气层时根本不会对地球产生什么影响。

回望过去
LOOKING BACK IN TIME

当我们用望远镜观察遥远的星星时，我们实际上是在回望过去。这是因为星光到达地球需要

---

1 埃德蒙·哈雷（1656—1742），英国天文学家、地理学家、数学家、气象学家和物理学家。——编注
2 卡米耶·弗拉马里翁（1842—1925），法国天文学家、作家，著有多部天文科普著作和科幻小说。——编注

时间。光的传播速度约为每秒 18.6 万英里。离我们最近的恒星——太阳发出的光到达地球表面，大约需要 8 分 20 秒。这意味着，当我们看到和感受到阳光到达我们这里时，它实际上已经走了 8 分 20 秒了。我们感知到光的时间与光被发射出来的时间之间的差异，被称为"回溯时間"。现代望远镜所展示的星系离我们非常遥远，所以到达我们这里的光线实际上是在星系形成之初发出的。最近发现了一个位于 123 亿光年之外的星系，它是如此遥远，以至于天文学家能够通过它回望宇宙大爆炸 15 亿年后早期宇宙的模样（见第 8 页）。

各种各样的月

MANY MONTHS

英语中"月"的单词"month"来自月亮"Moon"，反映了早期历法是以月亮盈亏为基础这一事实。从新月到下一个新月，大约相隔 29 天半。早期的罗马历包含 10 个月，以 March 为起始。这个历法中的一些名字一直保留至今：March（以战神马尔斯的名字命名）、April（来自拉丁语，意为"发芽"）、May（以古希腊女神迈亚的名字命名）和 June（来自拉丁语，意为"青春"）。还有一些以数字命名的月份名称也被保留下来，包

括 September、October、November 和 December，
这些单词也来自拉丁语，意思是第七、第八、第
九和第十。后来，January（以罗马双面神雅努斯
的名字命名）和 February（以罗马神斐布汝乌斯
的名字命名）又被加进来，形成了一套包含 12 个
月的历法。这样一来，数字月份被打乱了顺序，
September 成了第 9 个月，December 成了第 12 个

MARS.

月。有两个月份被重新命名——7月Quinctilis改成July（以罗马皇帝尤利乌斯·恺撒的名字命名），8月Sextilis改成August（以罗马第一位皇帝奥古斯都的名字命名）。

没有固定日期的节日

MOVABLE FEASTS

没有固定日期的节日，指的是那些每年在日历上的日期都不一样的节日。例如，复活节就是基督教日历中一个没有固定日期的节日。它的日期是在春分（昼夜平分的日子，大约在3月21日）月圆后的第一个星期天。如果满月出现在星期天，那么复活节就是下一个星期天。复活节最早可能是3月22日；最晚可能是4月25日。

神秘的六十

MYSTIC SIXTY

古巴比伦人在数学方面是天才。他们相信60

是一个神秘的数字，并发展了一种以 60 为单位进行计数的系统，叫作"六十进制"系统。选择 60 是为了方便，因为它能被一大批更小的数整除而不留余数。2、3、4、5、6、10、12、15、20 和 30 都能将 60 整除，没有余数。我们现在使用的计时系统（一天 24 小时，一小时 60 分钟，一分钟 60 秒），也反映出其巴比伦起源。

国家物理实验室
NATIONAL PHYSICAL LABORATORY

位于米德尔塞克斯郡特丁顿的国家物理实验室（NPL）是英国铯原子喷泉钟的所在地，也是精密计时取得最新进展的地方。国家物理实验室的科学家们生成时间信号，帮助我们准确计时，他们还关注闰秒。这些科学家处于新技术的前沿，并一直致力于提高计时标准。

新世纪，新千年

NEW CENTURY, NEW MILLENNIUM

19 世纪末，关于新世纪从什么时候真正开始，产生了大量的讨论。第七任皇家天文学家乔治·比德尔·艾里爵士[1]参加了讨论，并给《泰晤士报》写信解释说，新世纪正式开始的年份将是 1901 年。21 世纪的起始年份预示着第三个千年的开始，关于它到底是哪一年，也爆发了同样的争论。第三个千年的正式开始日期是 2001 年 1 月 1 日。由于我们的历法中没有 0 这个年份，所以从公元前 1 年到公元 1 年的时间序列中没有公元 0 年。第一个世纪开始于公元 1 年。如果把 1 000 年加到公元 1 年上，就到了公元 1001 年，它标志着第二个千年的开始。再加上 1 000 年，就到了 2001 年，也就是第三个

---

1 乔治·比德尔·艾里（1801—1892），英国天文学家、数学家，主要成就包括行星轨道研究、测量地球平均密度等。——编注

千年的开始。下一个千年将开始于 3001 年 1 月 1 日。

世界各地的新年庆祝活动

NEW YEAR CELEBRATIONS AROUND THE WORLD

世界各地的人们庆祝新年的方式各有不同。在日本，人们在新年到来前必须还清债务、打扫房屋。日本的新年食物是海鲷，人们认为这种鱼会带来好运。在西班牙，人们一边往嘴里放葡萄，一边进行新年倒计时。在美国南部，人们会在新年吃黑眼豇豆，以求好运。在匈牙利，人们会准备一只嘴里含着四叶草的烤猪。在希腊，人们会烘焙一种名为"瓦西洛皮塔"

的蛋糕，并在蛋糕里放一枚硬币，吃到这枚硬币的人被认为在来年会有特殊的运气。犹太人用蘸了蜂蜜的苹果来庆祝他们的新年。在中国西藏，人们庆祝

藏历新年时会喝一种名为"古突"的汤，这种汤里有面疙瘩，面疙瘩里包着有象征意义的配料，如盐、辣椒和黑炭。

纽约一分钟

NEW YORK MINUTE

听说过"in a New York minute"（纽约一分钟，意为"马上"）这个英语短语吗？它所计量的时间非常短，通常用来表示某事马上完成。据说这个词始创于20世纪60年代末，地点不是在纽约，而是在得克萨斯州。该观点称，得克萨斯

人花一分钟能做到的事情，纽约人马上就能做到。美国艺人约翰尼·卡森曾经将纽约一分钟描述为"从你前方的交通灯变绿到后方的人按喇叭的时间"。

无暇赴死
NO TIME TO DIE

关于世界将如何终结，存在数百种理论。研究历史最后事件的神学领域，甚至还有自己的名称——末世论。从第一个千年开始，人们就对大灾变（有时也被称为"审判日"）的确切日期做出了著名的预言，事实证明，一些所谓的世界末日发生的可能性比下一个千年更小。据传诺查丹玛斯（1503—1566）可以预见未来，他写道，"恐怖之王"会在 1999 年 7 月从天而降。据说诺查丹玛斯的许多预言都成真了，但也有人认为他写的预言很模糊，可以被套用到任意特定事件上。近些年，有些人相信，玛雅历法的末日——2012年12月21日——标志着世界的终结，会发生一系列灾难性事件。灾难片《2012》展示了如果预言成真将会发生什么，但这部电影的上映对于这个令人担忧的问题并没有提供什么帮助。当然，到目前为止，还没有任何关于世界末日的预言被证明是准确的。

正午和午夜
NOON AND MIDNIGHT

关于正午和午夜到底属于a.m.（上午）还是p.m.（下午），很多人感到迷惑。事实上，二者皆非。a.m.代表拉丁语ante meridiem（意为"子午线之前"），p.m.代表post meridiem（意为"子午线之后"）。正午时分，太阳正好位于子午线上，所以既不是之前也不是之后。为避免混淆，"正午"和"午夜"可通过加一个数字"12"来

69

表示，正午是中午 12 点，午夜是半夜 12 点。或者，你也可以使用 24 小时制，正午是 12：00，午夜是 00：00。

点钟

O'CLOCK

过去，人们想知道几点了，会问"现在几点钟？"，意思是"钟表上显示的时间是几点？"。当我们说现在是"六点钟"时，我们真正的意思是，现在"钟表上显示的时间是六点"。

11月的十月革命

OCTOBER REVOLUTION IN NOVEMBER

教皇格列高利十三世1582年宣布历法改革时，并非所有国家都同时采用了这种新历法，有的国家更愿意继续使用儒略历。意大利和葡萄牙是最早接受新历法的国家，匈牙利在1587年紧随其后，丹麦是在1700年，日本是在1873年，希腊是在1923年。由于开始采用新历法的时间存在差异，有些国家的日期会与其他国家的日期相差10天甚至更多天。俄国直到1918年才采用新历法。奇怪的是，根据之前俄国使用的儒略历，著名的"十月革命"发生在 1917 年 10 月，而根据当时世界上其他大多数国家使用的格列高利历，它实际发生的时间是 1917 年 11 月。

一密西西比
ONE MISSISSIPPI

在没有钟表的情况下，计时是一件很棘手的事情。有一个据说很有用的技巧，那就是在每个数字后面说"密西西比"——"一密西西比，二密西西比，三密西西比"，以此类推。说"密西西比"这个词所用的时间应该等于一秒钟，但美剧《老友记》"罗斯日光浴"那一集证实这个方法并不太准确。这充其量只是一个粗略的方法，如果你说这个词说得太快或太慢，你会发现自己大错特错，或像罗斯那样，皮肤被喷成滑稽的棕褐色！

一小步

ONE SMALL STEP

在月球上你怎么看时间？你需要一块非常厉害的手表！欧米茄超霸系列手表可防震、防水，并能承受12米每二次方秒的重力加速度。难怪美国航空航天局（NASA）为执行任务的"阿波罗号"宇航员选择了它，包括1969年著名的"阿波罗11号"登月任务。虽然尼尔·阿姆斯特

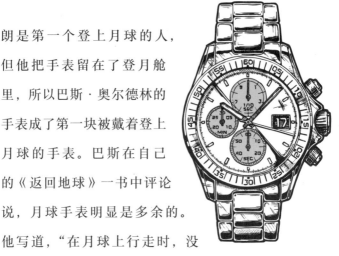

朗是第一个登上月球的人，但他把手表留在了登月舱里，所以巴斯·奥尔德林的手表成了第一块被戴着登上月球的手表。巴斯在自己的《返回地球》一书中评论说，月球手表明显是多余的。他写道，"在月球上行走时，没什么比知道得克萨斯州休斯敦的时间更没必要的事情了"。但"阿波罗13号"的宇航员恐怕并不认同这个说法，因为这款手表挽救了他们的生命。该手表被用于为手动燃烧（一种操控方式）精确计时，从而确保他们在系统发生故障后安全返回地球。

时间用尽

OUT OF TIME

经过一段时间之后，植物和动物可能会灭

绝，不复存在，从字面上说，它们的时间走到了尽头。举个例子，最后一只渡渡鸟死于 17 世纪末，可能是被水手当作食物猎杀了。渡渡鸟是一种不会飞的鸟，生活在印度洋的毛里求斯岛上。在这座岛上，人们发现了一种名为大颅榄树的乔木。树的种子非常坚硬，没法自己发芽，需要以某种方式开裂才能生长。渡渡鸟在岛上生活时，吃了这些种子，消化掉种子的外壳，为种子离开鸟的身体时发芽做好了准备。最后一只渡渡鸟死后，就没有动物具备这个功能了。如今，这种树在岛上仅存十几棵，面临灭绝的危险。不过，这个理论还存在广泛争议。

古往今来
THROUGH THE AGES

　　"时代"可以大致划分为史前时代（开始有历史记录之前）和历史时代（有文字记录之后）。以下是对历史上关键时代的总结。

石器时代

（300万年前—公元前3000年）

早期人类生活在小的游牧群体中，使用石头制成的工具。随着时间的推移，他们开始驯养动物，创造出洞穴艺术。

青铜时代

（公元前3000年—公元前1300年）

欧洲和亚洲的文明创造了青铜——一种铜与锡的合金。青铜是制造工具和武器的重要材料。

铁器时代

（公元前 1200 年—公元前 230 年）

人们用铁制物品进行贸易的经济发展时期。钢铁的发明为人类提供了更强大的工具和武器。

古埃及时期

（公元前 3000 年—公元前 30 年）

古埃及文明形成于尼罗河岸边。到了公元前 30 年，埃及落入罗马帝国的统治。

古希腊时期

（公元前 800 年—公元前 146 年）

古希腊被认为是现代民主和代议制的发祥地。这里还诞生了奥林匹克运动会，它在 12 个多世纪当中一直是希腊的文化亮点，当然，这个传统一直延续到今天！

古罗马时期

（约公元前 800 年—公元 476 年）

罗马帝国曾扩张到欧洲大部分地区，奠定了西方文明的基础。罗马帝国在末期采纳基督教为官方宗教，帮助这一宗教传播到整个欧洲。

中世纪时期
（公元 476 年—公元 1500 年）

在这一具有挑战性的时期，欧洲面临着严峻的战争、瘟疫、宗教迫害和政治改革。学术研究仅局限于教会和新兴大学。

文艺复兴时期
（14 世纪 50 年代—17 世纪 50 年代）

这一时期见证了文化与知识的重生，古希腊文献被翻译成阿拉伯语和拉丁语。随着学者和艺术家对这些观念的探索与挑战，艺术和科学蓬勃发展。

启蒙时期
（17世纪50年代—18世纪80年代）

启蒙时期见证了知识理性、个人主义的成长，以及对现有宗教和政治结构的挑战。

浪漫主义时期
（18世纪90年代—19世纪50年代）

浪漫主义时期是一场艺术、文学和知识分子的运动，由诸如布莱克、济慈、柯勒律治、华兹华斯、雪莱等浪漫主义诗人及其他艺术家、作曲家和作家所定义。浪漫主义时期的特点是注重情感和个人主义，这在一定程度上是对工业革命的一种反应。

工业革命时期
（18世纪50年代—1900年）

　　工业革命见证了向新的制造过程的转变，以农业为主的经济转向了以煤炭、钢铁、铁路和劳动力专业化为基础的工业经济。

帝国主义时期
（约1700年—20世纪50年代）

　　帝国主义时期指的是欧洲列强开始征服世界上其他国家和地区的时期。大英帝国在其鼎盛时期占有全球25%的领土，其中包括印度、西印度群岛和澳大拉西亚的部分地区。

信息时代
（1971年至今）

　　信息时代是指计算机、互联网、手机和社交媒体等现代新技术塑造出的现代世界。

钟摆

THE PENDULUM

意大利著名天文学家、数学家伽利略·伽利雷（1564—1642）是第一个提出用钟摆精确计时的人。据说，16世纪末，他坐在比萨一座透风的大教堂里，利用自己的脉搏测量时间，观察悬挂在天花板上的一盏摇摆的灯如何保持有规律的节奏。荷兰数学家克里斯蒂安·惠更斯（1629—

1695）是第一个将钟摆应用于机械钟上的人，应用年份是 1656 年。

完美日
PERFECT DAYS

巴哈伊信仰起源于中东，信奉者用他们的神所拥有的特质来为每天和每个月份命名。例如，工作日分别被称作荣耀日、美丽日、完美日、优雅日、正义日、高贵日和独立日。他们的日历包含 19 个月，每个月有 19 天，外加一个仅有 4 天或 5 天的月份，以使一年的长度与季节同步。每一天的开始从日落算起，新年第一天是 3 月 21 日。

终点摄像
PHOTO FINISH

人的眼睛通常无法区分出两个位置接近的运动员当中谁先穿过了终点线。为了让裁判员裁定获胜者，人们借助照相和录像来捕捉瞬时动作。为提高精度，2008 年夏季奥运会首次使用了每秒可拍摄 3 000 张照片的相机，不过有些运动员由此被记录的成绩仍然是相同的。2016 年里约热内卢奥运会上，美

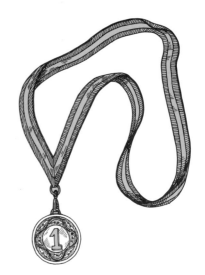

国的西蒙娜·曼纽尔和加拿大的彭妮·奥莱克夏克都以 52.70 秒的成绩完成了比赛，赢得女子 100 米自由泳决赛冠军。她们不仅都获得了金牌，还都创造了新的奥运纪录！在颁奖仪式上，两国国旗同时升起，两国国歌先后奏响，银牌领奖台上空无一人。有些体育赛事为获得最准确的结果，将完赛时间精度提升到百分之一秒甚至千分之一秒。

报时信号

PIPS OF TIME

75 年来，英国广播公司每天的重大新闻头条都是在格林尼治六响报时信号之后播报的。该信号于 1924 年 2 月首播。"报时信号"的概念是由当时的皇家天文学家弗兰克·戴森爵士[1]提出的。不久后，在一次重要的晚宴上，为祝贺这个想法，有人给他端来一只装着 6 粒橘子籽的盘子。[2]有时，由于有闰秒，报时信号会变成七响。

这些报时信号是由伦敦广播大厦地下室里的一座原子钟计时的，这座原子钟与国家物理实验室提供的高精度时间信号同步。

---

1 弗兰克·戴森（1868—1939），英国天文学家，在证实爱因斯坦的广义相对论的过程中起到了重要作用。——编注
2 报时信号的英文"pip"亦有"果核"的意思。——编注

快速生长的植物
POWER PLANTS

生长得最快的植物是一种特殊的竹子，人们发现它每天能长 91 厘米（约 36 英寸），生长时速可达 0.000 02 英里（约 3.2 厘米）。世界上生长最快的树是毛泡桐，或称毛地黄树，它第一年可长高 6 米，差不多每 3 周长高 30 厘米。

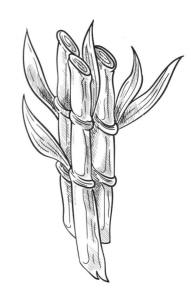

女王从不迟到
THE QUEEN IS NEVER LATE

英国有个传说，说女王陛下在皇家阅兵仪式上从不会迟到。如果她迟到了，据传会有一名军官专门负责把钟拨回去，这样她就能"准时"到达。王室官员对此予以否认。官方的说法是，王

室活动的时间都非常精确，每件事都经过精心的
排练，所以女王从不迟到。

行动敏捷

QUICK OFF THE MARK

你能跑多快？最快的人可以在 10 秒内跑完
100 米。尤塞恩·博尔特在 2009 年以 9.58 秒的

成绩打破了 100 米短跑的世界纪录。速度最快的鱼类当中，包括在大堡礁和法属波利尼西亚的朗伊罗阿环礁附近水域畅游的年轻的刺尾鱼和条纹天竺鲷。它们是游泳冠军，平均速度为每秒 20.6 厘米，这个长度几乎相当于它们身长的 14 倍。如果奥运会游泳选手的速度能达到这个程度的话，他就能在 3 秒内游完 100 米！

记录时间

RECORD TIME

在田径运动中，日新月异的科技提高了比赛项目的计时精度。19 世纪 70 年代，获胜时间精确到了半秒内。到了 19 世纪 80 年代末，时间精确到四分之一秒以内；到 20 世纪初，时间精确到五分之一秒；到 20 世纪 20 年代，时间可以精确到十分之一秒。1956年的奥运会上，比赛项目的计时精度惊人地达到了百分之一秒。

时间革命
REVOLUTION IN TIME

法国大革命（1789—1795）时期，一种新的历法（法国共和历）在1793年开始被采用。在这种历法中，一年始于9月22日，其时恰逢秋分，昼夜平分。人们选定这个日子，是把它作为人人平等的象征。从9月开始，每个月依次改名为葡月、雾月、霜月、雪月、雨月、风月、芽月、花月、牧月、获月、热月、果月。英国人取笑法国的新历法，将每个月份戏称为气喘吁吁月、喷嚏不断月、身体冻僵月、地面光滑月、潮湿多雨月、寒风刺骨月、阵雨频繁月、繁花似锦月、树木成荫月、小麦成熟月、烈日炎炎月、瓜果香甜月。这种历法只用到了

1805 年底，之后拿破仑悄悄地重新启用了格列高利历。

生命的节律
RHYTHM OF LIFE

所有动物都有一系列天然的生物钟，由自身的激素和腺体来调节。这些生物钟调节着动物的心跳、醒来和入睡的模式及体温的波动。这些天然时钟也被称为昼夜节律，"昼夜"的英文单词

"circadian"来自拉丁语"circa"（意为"大约"）和"diem"（意为"一天"）。人类睡觉时，身体会释放一种特殊的生长激素。所以，当父母跟孩子说"别再看电视了，赶紧去睡觉"，这是有正当理由的。睡眠能使我们长得又高又壮！

准时

RIGHT ON TIME

从古至今，人们一直试图将时间测量得越来越精准。最早的机械钟出现于14世纪，每天的时间误差为20分钟左右。17世纪中叶，随着摆钟的发明，时间精度提高到了令人难以置信的数值——每天的误差为10秒。直到19世纪，拥有怀表的人还必须通过将怀表与日晷进行比对来校准时间。20世纪30年代，随着新技术的发展，石英钟每天的时间误差可以控制在2毫秒左右。如今，我们依靠铯原子钟精确计时，每1.58亿年的误差仅为1秒。科学家们正在研究未来的计时器。这些被称为"离子阱"的实验计时器，每 330 亿年才会多 1 秒或少 1 秒，而 330 亿年这个时间长度，足足是宇宙年龄的 2 倍多！

明天同一时间？

SAME TIME TOMORROW?

时间循环是很棒的虚构情节设置。当角色一遍又一遍地经历同一段时间，他们可能会被困在里面。角色可能会做不同的事情或尝试逃离循环，但无论如何都还是会遇到同样的事件。1993年的电影《土拨鼠日》中，电视天气播报员菲

尔·康纳斯不断重复度过 2 月 2 日（土拨鼠日），重复了成百上千次，直到最后，日期变成了 2 月 3 日，土拨鼠日终于过去了。我们不清楚菲尔究竟"循环"了多少次，但很清楚这部电影有多受欢迎，"土拨鼠日"已成为一个常用短语，用来指代重复发生的事件。

季节
SEASONS

季节变化是由地球的自转轴相对于它的公转轨道倾斜而引起的。北极总是指向北极星的方向。6 月，地球的北半球朝向太阳，所以夏季白天更长、更温暖。与此同时，南半球背离太阳，处于冬季。12 月和 1 月，北半球背离太阳，白天变得更短、更冷，而南半球则迎来夏天。温带地区有四个季节：春、夏、秋、冬。靠近赤道的地方通常只有两个季节：雨季和旱季。

时间的形状

SHAPE OF TIME

感官告诉我们，时间朝着单一的方向流动，从过去到现在，再到未来。举例来说，我们似乎没法让时间倒流，就像你无法让烤好的蛋糕变回没烤的蛋糕，无法让熄灭的蜡烛变回点燃状态。但时间还有我们可以感知到的另一面，这就是时间的周期性、重复性，例如季节规律和日常生活节奏。这种有规律的时间循环，呼应了佛教和印度教对转世的信仰，在这些信仰中，每一次死亡都标志着新生命和新开始。与之形成鲜明对比的是，西班牙超现实主义艺术家萨尔瓦多·达利（1904—1989）创作了一幅名为《三角时间》的画作。当你想到时间，你会想到什么形状？

睡美人

1752 年 9 月 2 日（星期三），是睡眠史上伟大的一天。那天晚上，数百万英国人和美国人上床睡觉，直到 9 月 14 日才醒来。这一惊人的壮举不是由魔法咒语或强效安眠药造成的，而是由改历引起的。教皇格列高利在 1582 年制定了一套新历法，但这套历法直到 1752 年才被引入英国和北美，人们同意 9 月 2 日星期三之后是 9 月 14 日星期四。改历引起了某些感到困惑、感到被欺骗的人的公开抗议。一些寡廉鲜耻的房东坚持要房客支付这 11 天的租金，尽管实际上这段日期在日历上并不存在。在伦敦城，银行家们提出抗议，拒绝按以往的缴税日期 3 月 25 日来缴税。他们坚持认为缴税日期应该延后 11 天，延迟到 4 月 5 日，这个日期如今依然是英国纳税年度的截止日期。

蜗牛的速度

SNAIL'S PACE

花园里常见的蜗牛的爬行速度为每小时 0.03 英里（约 48.3 米）。陆地上跑得最快的动物之一——猎豹的时速可达 60 英里（约 96.56 千米）左右，但还有动物比它更快。有几种鸟类和一种蝙蝠的移动速度比猎豹还快，最快的鸟是游隼，其俯冲时速可达 200 英里（约 321.87 千米）以上！

敲响"警钟"

SOUND THE ALARM

我们都喜欢打盹，不是吗？根据 YouGov

（舆观调查公司）的一项调查，41% 的英国人在闹钟响的时候不会按下贪睡按钮，21% 的人甚至根本不设闹钟！如果你确实需要帮助才能醒来，买一个真正的闹钟可能会更好。研究表明，如果你早上用智能手机叫自己起床，那么你更有可能睡过头。

语音报时
THE SPEAKING CLOCK

1905 年，巴黎天文台首次通过电话进行报时。这项服务非常受欢迎，但对天文台的工作人员来说太耗时了，他们必须接电话，还得随着时钟的嘀嗒声大声地报出分秒数值。1933 年 2 月，一种新的服务出现了——语音报时。这是一项

全自动服务，基于其他国家提供的类似系统而形

成。在英国，语音报时于 1936 年 7 月 24 日开始

使用。当前的声音来自苏格兰邓迪的当地广播播

音员艾伦·斯特德曼。英国电信（BT）的语音报

时是当今世界上仅存的几个语音报时服务之一。

美国电话电报公司（AT&T）于 2007 年停止了他

们在美国的服务。

秒的分割
SPLITTING THE SECOND

飞秒（10^{-15} 秒）是十亿分之一秒的百万分之一。这是反应过程中原子键断裂所需的时间。如果时间变慢很多，这个断裂过程历时一秒，那么 100 米短跑的世界纪录（仅 9.5 秒多）将相当于 3.2 亿年。不久前，科学家们还认为不可能对这样的小事件进行计时，但现在，他们已经能用激光脉冲来测量计时了。

显示时间的星星
A STAR WHICH TELLS THE TIME

恒星爆炸后，塌缩成快速旋转的核心，并发射出射电信号，这就是脉冲星。它就像灯塔上的旋转光束，看上去是在以惊人的精确度来回闪烁。第一颗脉冲星是 1967 年由在读研究生的苏珊·乔斯林·贝尔·伯内尔女爵士发现的。她和她的导师安东尼·休伊什不知道这些信号是什么，称其为"小绿人"（LGM）。在那之后发现的脉冲星已达 2 000 多颗。已知最快的脉冲星每秒旋转 700 多次。天文学家继续使用这些天上的计时器来探测引力波、跟踪遥远的空间探测器，并监控地球上原子钟的准确性。

保持同步
STAYING IN SYNC

国际空间站环绕地球飞行，其上的宇航员每隔 45 分钟就会看到一次日出或日落。我们的身体依靠阳光来与 24 小时的自然昼夜节律保持同步，所以很多宇航员很快就会感到有时差反应。科学家们正在研究，这对长时间执行太空任务的宇航员的心理和身体健康会产生什么影响。

白鼬的变色服
STOATS IN TECHNICOLOUR COATS

许多动物的皮毛会随着季节变化而改变颜

色。多数情况下，新的皮毛会为它们提供更好的伪装，以应对环境的不断变化。夏天，白鼬的皮毛是棕色的。随着冬天临近，它的皮毛会变成白色，也就是所谓的"银鼠皮"。皮毛的白度取决于冬天的寒冷程度：在下雪的北方，白鼬的皮毛是纯白色的；而在温暖的南方，皮毛是有斑纹的。这种变化使白鼬和其他类似的动物更容易逃避捕食者的追捕。

偷走时间

STOLEN TIME

水钟（klepsydra）是一种钟表，它根据水流来测量时间间隔。它的名称来自希腊语，意思是"水贼"。水钟曾被古巴比伦人、埃及人和中国人使用。最早的水钟仅仅是一只底部有个洞的碗，碗被放置于深水中。随着水从洞中涌出，碗最终会下沉，它可以用来给斗鸡之类的短暂事件计时。

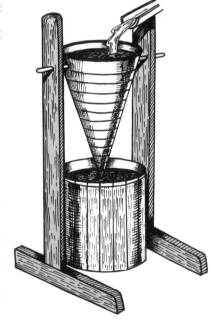

停止所有的时钟

STOP ALL THE CLOCKS

时钟停止，常常被人们与死亡的景象联系在一起。当钟表需要主人给它们上弦时，它们确实会在主人死后停止走动，因为它们不再有能量来源。W. H. 奥登的诗歌《葬礼蓝调》因电影《四个婚礼和一个葬礼》而出名，那句著名的开头"停止所有的时钟"描

述了失去所爱之人的感觉。查尔斯·狄更斯在小说《远大前程》中，用时钟停止来象征爱情的死亡。在痛苦的哈维沙姆小姐的家里，所有的时钟都停在 8 点 40 分——她被未婚夫抛弃的那个时间。

草莓月

STRAWBERRY MOONS

月亮在天空中有显著的圆缺相位，所以在许多不同的文化中被用于测量时间。北美的土著部

落用季节性事件来给月份命名，每个月代表与一年中特定时间相关的活动。例如，纳齐兹部落的一年从 3 月开始，每个月的名称分别为鹿月、草莓月、小玉米月、西瓜月、桃子月、桑葚月、玉米月、火鸡月、野牛月、熊月、冷食月、栗子月和坚果月。

夏日之夜

SUMMER NIGHTS

奥莉维亚·纽顿-约翰和约翰·特拉沃尔塔在合唱歌曲《夏日之夜》中歌颂了夏夜的欢乐，而夏夜如此短暂，有一个重要原因。夏至日通常被认为是一年中白昼最长的一天——白昼的小时数最大，夜晚的小时数最小。这也是太阳在天空中达到最高点的时候。北半球的夏至是在 6 月，而南半球的夏至是在 12 月。在北极圈和南极圈，夏至前后是持续的白昼（即极昼）。

日晷和影子

SUNDIALS AND SHADOWS

　　测量时间，最简单的方法之一是借助日晷。日晷的原理是利用光和影的关系。最早的日晷就是简单地在地上插一根木棍。当我们看到太阳从东边的天空升起，向西边的天空移动时，木棍投射的影子也会在地面上移动。影子的长度和方向，能告诉我们关于时间的信息。由日晷测出的时间被称为"太阳时"或"地方时"。

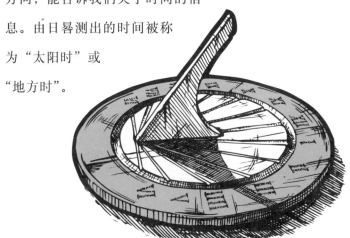

一普朗克时间 [1]

THICK AS A PLANCK

时间的最小间隔被称为"普朗克时间"。它以物理学家马克斯·普朗克（1858—1947）的名字命名。一分钟等于普朗克时间的 $1.113\,056\,899\,468\,7 \times 10^{45}$ 倍。再看另一个极端，代表最长时间的词是"劫"，这在印地语中是 432 万年的意思。印度教徒认为，这是世界轮回持续的时间长度。

快速思考

THINK FAST

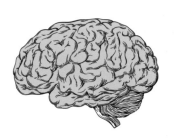

你思考得能有多快？科学家称，信号在大脑中传播的最高速度是每小时 220 英

---

1 英文标题是对短语 thick as a plank（意为"极其蠢笨的"）的戏仿。——编注

里（约354千米）。这些信号指挥着我们所有的思想与行为。

持续运转
TICKING ALONG

计时装置肯定是从早期的日晷、蜡烛或水钟演变而来的。最早的机械钟大约是在14世纪初发明的，有些机械钟一直保存到现在，至于哪一座是现存最古老的时钟，还存在一些争议。据说，索尔兹伯里大教堂的铁框时钟是世界上现存最古老的还在运转的时钟，据传其年份可以追溯到1386年，但这一说法未经证实。德国福希滕贝格的巴克豪斯时钟是已知最古老的时钟，其上刻有年份1463年。

时间球
TIME BALLS

1833年，时间球被安装到格林尼治天文台，那时，天文台下方泰晤士河周围的整个区域都由船坞和码头组成。泰晤士河上的引航员通过时间球获取每日的时间信号，检查船上的航海计时器。19 世纪 20 年代，从海岸发出的时间信号有很多种，包括鸣枪、降旗等。英格兰的第一个时间球可能是 1829 年在朴茨茅斯安装的。在格林尼治，时间球落下的时间不是正午 12 点，而是每天下午 1 点。这是因为正午时天文学家们正忙着观测穿过子午线的太阳。

时间胶囊
TIME CAPSULES

时间胶囊是一种用来保存文件、物品和信息的容器，以供后人发现。如果你决定制作一个时间胶囊，记得要想清楚在里面放什么，以及内容需要存放多少年。报纸会很快变黄、碎裂，如果要记录今天的日常生活，使用记忆棒可能是一个显而易见的选择，但是，若干年后时间胶囊被打开时，播放技术可能已经消失了。最重要的是，记得留下明确的说明，告诉未来的人在哪里可以找到你的时间胶囊——如果它能被重新发现的话！

时间飞逝
TIME FLIES

当你听到一架飞机飞过，朝声音来源的方向看去时，你可能会感到困惑，为什么你往往

看不见飞机。在我们听到发动机发出轰鸣时，飞机通常已经飞出了很长一段距离。这是因为声音的传播速度差不多是光的百万分之一。声音的传播速度约为每小时 750 英里（约 1 207 千米），而光的传播速度约为每秒 18.6 万英里（约 30 万千米）。对于一架飞行于 3 万英尺（9 144 米）高空的飞机来说，声音到达地面大约需要 30 秒，而光则几乎立即就能到达。所以，当一架时速 600 英里（约 966 千米）的飞机飞过，你抬头看噪声来自哪里时，它已经又飞了 5 英里（约 8 千米）。

世界时间

TIME FOR THE WORLD

1884 年，在美国华盛顿召开的国际子午线会议上，25 个国家开会讨论在众多的国家子午线中认定哪一条为世界本初子午线。投票时，22 个国家选择了格林尼治天文台的子午线。会议代表们同意设立一个"国际日"，起始时间是格林尼治的午夜时分。人们开始用格林尼治标准时前后的小时数来描述他们的本地时区。法国是没有给格林尼治投赞成票的国家之一。巴黎有自己重要的天文台，多年来法国坚持称格林尼治标准时为"巴黎标准时减去 9 分 21 秒"。事实上，这个说法与格林尼治标准时是等同的，他们只是想避免使用"格林尼治"这个名称。

生命的时间

TIME OF THEIR LIVES

　　动物的平均寿命取决于多种因素，比如动物的体形大小和新陈代谢率。体形较大的动物往往寿命更长。如果你把寿命仅 24 小时的普通蜉蝣与寿命长达 200 年的弓头鲸相比，那这句话显然没错，但事实并非总是如此。一只蚁后能活几十年，而一只体形比蚁后更大的老鼠却只能活 4 年左右。生物学家说，一个物种的寿命大约是其心脏跳动 10 亿次的时间。

与猫在一起的时间
TIME WITH CATS

据说，奥地利精神病医师西格蒙德·弗洛伊德曾经说过"与猫在一起的时间永远不会浪费"，但似乎猫才是真正懂得怎样浪费时间的动物。猫平均每天睡 15 个小时左右。它们生命中 60% 以上的时间都在睡觉！这样做的主要原因是节约能量，但有一个人可能并不在乎这一点，那个人就是弗洛伊德。并没有证据表明他说过爱猫的话，况且他曾在给一位朋友的信中写道："众所周知，我不喜欢猫。"

时区

TIME ZONES

如今使用的时区系统，是由一位名叫查尔斯·费迪南德·多德（1825—1904）的美国教授设计的。美国幅员辽阔，东西海岸的地方时相差好几个小时。1870年，多德建议将这段距离按照经度每隔15度进行等分。位于同一区域内的所有城镇使用相同的时间。东边的区域，时间早一个小时；西边的区域，时间晚一个小时。理论上，我们可以把地球每天的自转分成24份，每一份对应1小时的自转（经度15度）。位于同一区段的每个人，将使用格林尼治标准时之前或之后的小时数作为当地标准时间。实际上，人们创建了自己的地理区域（时区），区域内的每个人都遵循相同的时间。过去一个世纪里，政府会选择（也有时会改变主意！）最好的时区来满足他们的政治、社会和经济需求。这意味着，现在全世界有 35 个以上的时区。

什么时间？

设置时区时，土地面积大小并不重要。美国大陆有 4 个时区：东部时区、中部时区、山地时区和西部太平洋时区。国土面积与美国差不多的中国，却只有 1 个时区。法国是世界上时区最多的国家，有 12 个不同的时区，但这只是因为它在世界各地有许多海外领土。法国本土使用中欧时间（UTC+1 小时）和中欧夏令时（UTC+2 小时）。[1]

---

1 UTC 即协调世界时，是以原子时为基准的一种时间计量系统，其时刻与世界时时刻差不超过 1 秒。——编注

延时摄影

TIME-LAPSE
PHOTOGRAPHY

延时摄影会给人一种印象：事件发生的速度看起来变快了，我们能在几秒钟的时间里看到一棵植物几天的生长过程，或星星在夜空中旋转的轨迹。大家很可能以为延时摄影是一项相对较新的发明，但其出现时间可以追溯到19世纪70年代。发明者是摄影师埃德沃德·迈布里奇（1830—1904），他被要求验证赛马奔跑时马蹄是否同时离地。他设置了一系列照相机，每台相机由一根绊绳控制，马跑过时触发快门。随后，他将这些照片放在一起，形成一系列呈现马匹奔跑状态的影像，结果显示，四只马蹄确实能在某个瞬间同时离地！

时刻表噩梦

TIMETABLE NIGHTMARES

　　直到 19 世纪中叶，还没有公认的计时规则。大多数人倾向于用日晷来看时间。日晷给出的是"地方时"，或者说是"太阳时"，这意味着它给出的时间也会因城市地处的东西位置而不同。由于太阳从东方升起，在西方落下，它经过东方的时间比经过西方的时间更早。这就意味着，东方的日晷显示的时间比西方的要早得多。例如，当格林尼治的日晷显示时间是正午 12 点时，诺里奇的时间已经是下午 12 点 05 分了，而邓迪的时间还只是上午 11 点 48 分。地方时的不同所产生的真正问题体现在早期的铁路时刻表上，经常导致乘客错过火车。1840 年 11 月，大西部铁路公司（GWR）规定，所有火车站都必须使用"伦敦时间"。严格地说，"伦敦时间"是指在经过圣保罗大教堂的经线上所测量的时间，这座教堂位于格林尼治以西，时间比格林尼治标准时慢23.1秒。然而，大多数公共时钟都设置为格林尼治标准时，所以铁路时钟上显示的"伦敦时间"实际上是格林尼治标准时。其他许多铁路公司也纷纷效仿，直到1880年，格林尼治标准时被整个英国采纳为法定时间。同时，它也成了铁路时刻表的官方时间。

时间回调

TURN BACK TIME

许多国家在夏季会将时钟调快一小时，以使晚上的时间变短。在英国，这被称为英国夏令时（BST），在其他国家被称为夏令时（DST）。提出调快时钟、享受阳光的人是威廉·威利特（1856—1915），他是一位居住在伦敦东南部郊区的建筑商，热爱户外活动。一天清晨，他骑马时注意到有许多住户还拉着窗帘遮挡阳光，于是想出了把夏天的时钟调快的主意。英国夏令时最早是在1916年第一次世界大战期间推行的，当时被用来延长工厂白天的工作时间。这有助于节省燃料，因为全国每天晚上都得多关一小时的电灯。有一种说法能帮助我们记住时钟往哪边调：春前（3月底），秋后（10月底）。

孪生

　　把时间往前调或往后调，可能会导致出现一些奇怪的生日！美国双胞胎塞缪尔·彼得森和罗南·彼得森出生在时间调为夏令时的那天。塞缪尔出生于凌晨1点39分；凌晨2点时，钟表往前调了一小时，塞缪尔的出生时间刚好在此之前。他弟弟罗南比他晚出生31分钟，但罗南的官方出生时间是凌晨1点10分。所以，尽管罗南出生在塞缪尔之后，但从书面记录来看，他却是双胞胎中年龄大的那一个！

世纪之交

TURN OF THE CENTURY

　　尽管一个世纪被定义为一个百年，但是，有两个世纪的长度是不同的。由于尤利乌斯·恺撒在公元前45年推行儒略历，公元前1世纪的长度延长了90天。在许多天主教国家，由于格列高利历的推行，16世纪比正常的世纪长度短了10天。同样，英国和美国的17世纪比正常的世纪长度短了11天。

不等长的小时
UNEQUAL HOURS

我们习惯了每小时长度相同，但情况并非总是如此。在14世纪机械钟出现之前，许多人一直在使用所谓"不等长"或"季节性"的小时，即小时的长度根据昼夜或季节而变。为计算出这些不等长的小时有多长，一天被分成两半：从日落到日出（黑夜小时数），从日出到日落（白昼小时数）。每天有12个黑夜小时和12个白昼小时。这个系统的问题是，一年当中白昼和黑夜的时间长度是变化的。在夏季，白昼

的时间比夜晚长；而在冬季，夜晚的时间比白昼长。一年中只有两天，白昼和夜晚的时长相同。这两天是春分和秋分，分别在 3 月 21 日和 9 月 22 日前后。有一个国家仍在使用不等长的小时，那就是埃塞俄比亚，但那里的人们是幸运的，因为他们住在赤道附近，全年昼夜几乎等长！

飞快的一天
VERY FAST DAYS

一天等于地球自转一周的时间，大约是 24 小时。地球自转时，朝向太阳的一面是白天，背对太阳的一面是黑夜。同样地，所有其他行星也在以不同的速度自转，这些行星上的一天比地球上的一天要更长或更短。海王星上的一天只有 16.1 个地球小时。太阳系中最短的白昼出现在一些小行星上，它们被称为"快转小行星"。它们自转一圈的时间可以短到 12 秒！其中一颗

名为 1998 KY26 的小行星，直径只有 30 米，每 10.7 分钟自转一圈。想象一下，把你的日常生活（刷牙，上学或上班，吃早餐、午餐和晚餐，睡觉，然后再起床）全部塞进 10 分钟里，会是什么样！

漫长的日子
VERY LONG DAYS

金星自转非常缓慢，金星上的一天（从一个日出到下一个日出）大约是 243 个地球日。金星离太阳非常近，绕太阳公转的速度非常快。一年指的是天体绕太阳公转一圈的时间，而金星上的一年仅仅是 224.7 个地球日。这意味着金星上一天的时间实际上比它的一年还要长。

星期与行星
WEEKS AND PLANETS

一星期是七天，这是犹太教和基督教的上帝

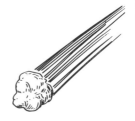

在太阳系的其他行星上，一天或一年有多长？

行星	一天的长度	一年的长度
水星	59 个地球日	88 个地球日
金星	243 个地球日	224.7 个地球日
火星	略大于 1 个地球日	687 个地球日
木星	10 个小时	近乎 12 个地球年
土星	近乎 11 个小时	29.5 个地球年
天王星	17 个小时	84 个地球年
海王星	16 个小时	近乎 165 个地球年

创造世界所用的时间。一星期的天数与名称，是基于古人认为绕地球运行的"七大行星"：太阳、月球、火星、水星、木星、金星和土星。那时，人们把太阳和月亮视为行星。下表给出了不同语

不同语言中一周七天的名称

拉丁语	古英语	现代英语
Dies Lunae	Moon's Day	Monday
Dies Martis	Tiw's Day	Tuesday
Dies Mercurii	Woden's Day	Wednesday
Dies Jovis	Thor's Day	Thursday
Dies Veneris	Frigg's Day	Friday
Dies Saturni	Seterne's Day	Saturday
Dies Solis	Sun's Day	Sunday

言中一周七天的名称。许多欧洲语言采用了当时拉丁语的名字，但英语采用了一些斯堪的纳维亚神话中与行星有关的神的名字。星期二以战神提尔的名字命名，星期三以地狱之神沃登的名字命

德语	法语	意大利语	西班牙语
Montag	Lundi	Lunedì	Lunes
Dienstag	Mardi	Martedì	Martes
Mittwoch	Mercredi	Mercoledì	Miércoles
Donnerstag	Jeudi	Giovedì	Jueves
Freitag	Vendredi	Venerdì	Viernes
Samstag	Samedi	Sabato	Sábado
Sonntag	Dimanche	Domenica	Domingo

名，星期四以雷神托尔的名字命名，星期五以爱神弗丽格的名字命名。英语单词"fortnight"（两星期）是"fourteen nights"（十四个晚上）的缩写。

谁想长生不老？

WHO WANTS TO LIVE FOREVER?

几千年来，人类一直痴迷于获得永生。古希腊人曾试图创造一种能让人长生不老的哲人石。[1] 可悲的是，这种想法只存在于虚构世界中，比如哈利·波特的魔法世界。但显然，永生比我们想象的离我们更

---

1 哲人石也称魔法石，炼金术士认为能够用它将普通金属变为金子。——译注

近。科学家声称，得益于不断进步的科技，如果我们能活到2050年，我们就有机会永生。你可以选择更新身体的某个部位或变成一个机器人，但这可能会在很多方面让你付出很大的代价！

凛冬将至
WINTER IS COMING

每个人都知道冬天什么时候到来——白天变短、夜晚变长的时候。在北半球，一年里白昼时间最短的一天就是冬至。人们把它称为一年中最短的白天，或一年中最长的夜晚。在伦敦，最短的白天时长不到8小时。冬至的日期不固定，但在

北半球通常是 12 月 21 日或 22 日前后。在南半球，正好相反，这个日子是那里的夏至（到了 6 月 21 日前后，情况又颠倒过来了）。这是因为地球的北极背离太阳（因而变冷），而南极朝向太阳（因而变暖）。

朝九晚五地工作
WORKING 9 TO 5

对大多数人来说，"朝九晚五"指的是普通工作日，而不是多莉·帕顿那首著名的同名歌曲![1] 墨西哥工人的工作时间最长，每年达到 2 255 小时，相当

---

1 美国知名歌手多莉·帕顿曾主演反映女性职场生存状况的喜剧片《朝九晚五》（1980），她为影片创作和演唱了同名歌曲，由此获一项奥斯卡金像奖提名和四项格莱美奖提名，赢得"最佳乡村歌曲"和"最佳乡村女歌手"奖项。——编注

于每周工作 43 小时！在德国，工人每年的工作时间仅 1 363 个小时。这得益于 2018 年达成的一项协议，它赋予德国人每周最多工作 28 小时的权利。不同国家工作时长的这种差异，也可能来自全球经济气候与文化观点的巨大不同。

腕表

WRIST WATCHES

传统上，男士佩戴的表是末端带有表链的怀表，它可以被塞进马甲口袋里。最早的腕表只是简单地将怀表放在一个皮表壳里，绑在手腕上。有趣的是，早期的腕表和手镯表主要是女士佩戴的。在广告中，它们被称为"解放"装置，能让人们在骑自行车或打网球时看时间。第一次世界大战期间，腕表的实用性使其在男士中间大受欢迎。

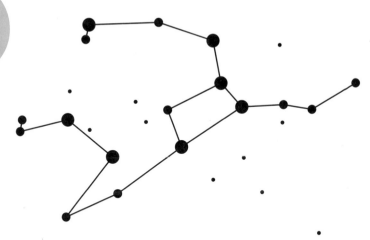

星中注定

WRITTEN IN THE STARS

夜空中的星星就像一座巨大的钟表，在24小时的时间里围绕着北极星旋转一圈。星星的位置可以通过一种叫作夜间定时仪（星晷定时仪）的古老科学仪器来读取，就像读取钟表上的时针信息一样。这种仪器的英文名字"nocturnal"来自拉丁语"nox"，意思是"夜晚"。一旦仪器设置好正确日期，其指针就会指向大熊座或小熊座，并以数字刻度显示时间。在黑暗中，你只要摸索一下，数一数刻度上有几个小齿，就能知道是几点了。

修特库特里

XIUHTECUHTLI

修特库特里是古代墨西哥的火神和时间之神，有时被描绘为头上顶着火炉的形象。人们以52年为一个周期，临近这个周期的末尾时，为了向他表示敬意，人们会熄灭所有的火，然后在一个活人牺牲者的胸口点燃新的火，以保持时间的流动。

加赛时间

XTRA TIME

足球比赛中的伤停补时，通常会决定比赛的最

终结果。一些最令人难忘的体育赛事，其结果往往取决于比赛的最后几分钟，某些情况下甚至取决于比赛的最后几秒钟。近年来最引人注目的补时进球之一来自本·沃森，他在2013年英格兰足总杯决赛对阵曼城队的第91分钟为维冈队攻入一球。这似乎很不可思议，因为曼城队曾经是足总杯和英超联赛的冠军，而维冈队即将从英超降级。事实上，他们成了第一个在同一赛季中举起足总杯奖杯并被降级的俱乐部。另外，曼城队的主教练罗伯托·曼奇尼两天后被解雇了，这足以证明加赛的几分钟时间对比赛结果和职业生涯来说是多么重要！

混乱之年

YEAR OF CONFUSION

现代历法起源于公元前46年首次提出的历法，当时尤利乌斯·恺撒是罗马帝国的领袖。这种历法叫作儒略历。一年的长度固定为365天，每四年多加一天，有366天的那年被称为闰年。公元前46年初，罗马使用的历法真是一团糟。那时的历法与星星和季节都不同步，大约相差三个月。为了重新调整历法，恺撒不得

不额外增加一些天数。公元前46年反常地变成了445天。这一年被称为"混乱之年"，也就不足为奇了。

新的一年

A YEAR OF NEW YEARS

在不同的文化中，人们会在不同的日子庆祝新年。许多基督教国家过去在3月25日开始

新的一年，这是基督教历法中天使报喜的日子。古埃及人以明亮的天狼星与太阳一同升起的日子（偕日升）作为一年的开始，这个日子也是每年尼罗河水开始泛滥的时间。在不同国家和文化的日历中，新年的日期很少会相同。以 2000 年为例，按照现行公历日期，中国新年是 2 月 5 日，锡克教新年是 3 月 14 日，印度新年是 4 月 13 日，埃塞俄比亚新年是 9 月 11 日，犹太新年是 9 月 30 日。

马的年龄
YEAR OF THE HORSE

无论出生在哪一天，所有赛马的生日都是同一天：在北半球是 1 月 1 日，在南半球是 8 月 1 日。这意味着，出生在 12 月 31 日或 7 月 31 日的马，根据它们生活的地方来看，第二天就满一岁了。马的繁育者竭尽所能确保他们的马在一年中正确的时间出生——年幼的马会由于受到的训练较少而无法与那些被官方认定为与其同龄的老马竞争。

0 经度

ZERO LONGITUDE

经度是世界各地测量时间的基础。我们对地图册和地图上的经线、纬线都很熟悉。它们构建出一个假想的网格，可用以确定地球表面的任意位置。许多人没有意识到的是，测量经度（东西位置）直接与测量时间有关。地球需要 24 小时才能完成 360 度的自转。这意味着，地球在 1 小时内自转 1/24 个圆，即 15 度，这相当于在 4 分钟内自转 1 度。对早期探险家来说，这是一个重要的事实，因为他们在看不见陆地的地方没法航行。为了在海上计算经度，引航员需要知道两点——船上的时间和家乡时间，船上的时间可以借助白天的太阳或夜晚的星星来测量。根据这两个时间的差异，可以换算出海上经度与家乡经度相差多少。知道家乡时间是最大的问题，因为在晃动的船上没有时钟能保证计时精准。人们提出了许多办法，想要解决"经度问题"，这也是18世纪最大的科学难题。

祖鲁时间
ZULU TIME

一些国际组织用军事时区来交流时间。想象一下，把世界地图划分成若干主要时区，每个时区都被分配了一个不同的英文字母。用字母来描述每个时区会更容易，也不会令人感到困惑，我们也不用说"比格林尼治标准时早或晚若干小时"。这个时区序列以字母A（GMT+1小时）开始，以字母Z（GMT）结束。在音标字母表（北约音标字母表）中，Z被称为"Zulu"（祖鲁）。这就是为什么格林尼治标准时有时也被称为祖鲁时间。序列中没有字母 J，或称"Juliet"（朱丽叶），正如有些字母表中没有"J"；这是因为这个字母容易与其他字母混淆。

谈谈时间
TIME TO TALK

你知道吗？"time"（时间）这个词是英语中使用频率最高的名词。

A devil
of a time

A QUESTION
OF TIME

A RACE AGAINST TIME

IT'S ABOUT TIME

Quality time

AHEAD
OF
ONE'S
TIME

A stitch
in time
'... saves
nine'

本页英文含义如下：非常艰难的时期，迟早的事，争分夺秒，时间差不多了，黄金时光，超越时代，防微杜渐。

ALL IN GOOD TIME

FOR OLD TIMES' SAKE

All the time in the world

ALL TIME LOW

Bide one's time

AS TIME GOES BY

FALL ON Crunch time

HARD TIMES FACE

Down time TIME

BEHIND THE TIMES

本页英文含义如下：来得及，念及老交情，时间充裕，最低值，等待时机，时光流逝，艰难时世，关键时刻，停机时间，空闲时间，落后于时代。

FOR THE TIME BEING

Have time on one's side

GIVE SOMEONE

From time to time

A HARD TIME

JUSTIN TIME

Pass the time of day

Good times

In next to no time

HIGH TIME

Have a time of it

HAVE A WHALE OF A TIME

本页英文含义如下：目前，还有时间实现未竟目标，有意为难某人，偶尔，正是时候，寒暄，美好时光，立刻，时机成熟之时，处境艰难，过得非常愉快。

HIT THE BIG TIME

In good time

IN LESS THAN NO TIME

In the right place at the right time

In your own time

IN THE NICK OF TIME

IN RECORD TIME

In the fullness of time

本页英文含义如下：大获成功，及时，很快，方便的时候，恰逢其时，恰好，飞快地，时机成熟时。

IT'S HIGH TIME

MOVE WITH THE TIMES

LOSE TRACK OF TIME

Once in a lifetime

LIVING ON TIME

ON BORROWED TIME

One more time

TIME KEEP TIME

Once upon a time

Long time no see

本页英文含义如下：正是时候，忘了时间，与时俱进，千载难逢，朝不保夕，准时，再来一次，合拍，从前，好久不见。

ON MAKE GOOD
BORROWED TIME
TIME
No time like the present
Time heals all wounds
MAKE UP FOR LOST TIME
OUT OF TIME
One step at a time

本页英文含义如下：时日无多，快速前进，只争朝夕，时间会治愈一切创伤，弥补失去的时间，不合时宜，循序渐进。

SCREEN TIME

THE SANDS OF TIME

THERE'S A TIME AND A PLACE

Time of one's life

Take one day at a time

100

Old before your time

Time after time

SIGN OF THE TIMES

本页英文含义如下：屏幕使用时间，时间之沙，分场合，幸福时光，慢慢来，未老先衰，反复，时代的标志。

Time is money

TIME AND TIME AGAIN

TIME IS OF THE ESSENCE

Time flies when you're having fun

Play for time

Time off

TIME OUT

Time bomb

TIME AND TIDE WAITS FOR NO MAN

本页英文含义如下：一寸光阴一寸金，一次次，时间宝贵，快乐的时光总是短暂的，拖延时间，休假，暂停，定时炸弹，岁月不饶人。

Only a matter of time

TURN BACK THE
HANDS OF TIME

To buy time

TO KILL TIME

ONLY
TIME
WILL
TELL

To call time on

Pressed
for time

WITHSTAND
THE TEST
OF TIME

The time has come

RACE AGAINST
To do time   TIME

本页英文含义如下：迟早的事，时光倒流，争取时间，消磨时间，
时间会证明一切，终止，赶时间，经得起时间的考验，时机已到，争
分夺秒，服刑。

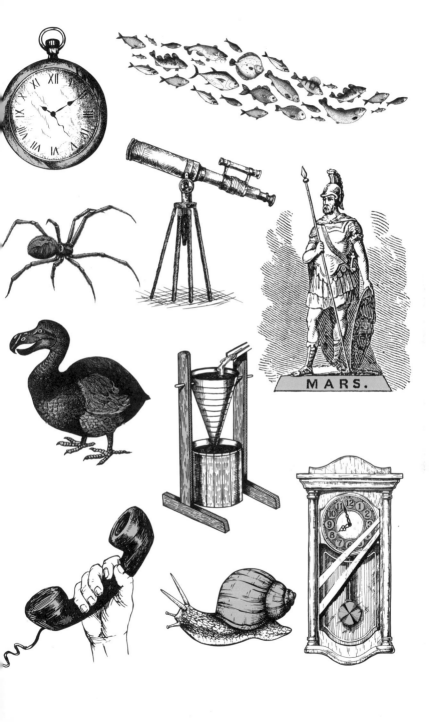

MARS.

作者简介

英国格林尼治天文台

　　始创于1675年，是世界上历史最悠久的综合性天文台之一，数百年来在天文观测和精准计时方面发挥着重要作用。穿过格林尼治天文台子午仪的那条经线为0度经线，即本初子午线。1997年，格林尼治天文台旧址被联合国教科文组织列为世界文化遗产。

译者简介

王燕平

　　北京师范大学天体物理硕士毕业，现就职于北京天文馆，副研究员。合著有《星空帝国：中国古代星宿揭秘》《北京自然观察手册：云和天气》等，合译有《云彩收集者手册》《一天一朵云》《DK宇宙大百科》等科普图书。

张超

　　北京师范大学天体物理硕士毕业，现就职于中国科学院国家天文台，科普工作者，新华社签约摄影师。著有《云与大气现象》《尊贵的雪花》《星光收集者：小天文望远镜简史》等，译有《云彩收集者手册》等科普图书。

"天际线"丛书已出书目

云彩收集者手册

杂草的故事（典藏版）

明亮的泥土：颜料发明史

鸟类的天赋

水的密码

望向星空深处

疫苗竞赛：人类对抗疾病的代价

鸟鸣时节：英国鸟类年记

寻蜂记：一位昆虫学家的环球旅行

大卫·爱登堡自然行记（第一辑）

三江源国家公园自然图鉴

浮动的海岸：一部白令海峡的环境史

时间杂谈